江苏科普创作出版扶持计划项目

【渔美四季丛书】

丛书总主编 殷 悦 丁 玉

陈 婷 主编

杨瑾怡 绘画

刀鲚

——闪闪发光的犀利刀客

江苏凤凰科学技术出版社 · 南京

图书在版编目（CIP）数据

刀鲚：闪闪发光的犀利刀客 / 陈婷主编 .—南京：
江苏凤凰科学技术出版社，2023.12
（渔美四季丛书）
ISBN 978-7-5713-3848-0

I.①刀… II.①陈… III.①鳀科 – 淡水养殖 – 青少
年读物 IV.① S965.227-49

中国国家版本馆 CIP 数据核字（2023）第 210233 号

渔美四季丛书
刀鲚——闪闪发光的犀利刀客

主　　编　陈　婷
策划编辑　沈燕燕
责任编辑　韩沛华
责任校对　仲　敏
责任印制　刘文洋
责任设计　蒋佳佳

出版发行　江苏凤凰科学技术出版社
出版社地址　南京市湖南路 1 号 A 楼，邮编：210009
出版社网址　http://www.pspress.cn
照　　排　江苏凤凰制版有限公司
印　　刷　南京新世纪联盟印务有限公司

开　　本　787 mm×1 092 mm　1/16
印　　张　3.75
字　　数　70 000
版　　次　2023 年 12 月第 1 版
印　　次　2023 年 12 月第 1 次印刷

标准书号　ISBN 978-7-5713-3848-0
定　　价　28.00 元

序

在宇宙亿万年的演化过程中，地球逐渐形成了海洋湖泊、湿地森林、荒原冰川等丰富多样的生态系统，也孕育了无数美丽而独特的生命。人类一直在不断地探索，并尝试解开这些神秘的生命密码。

"渔美四季丛书"由江苏省淡水水产研究所组织编写，从多角度讲述了丰富而有趣的鱼类生物知识。从胭脂鱼的梦幻色彩到刀鲚的身世之谜，从长吻鮠的美丽家园到河鲀的海底怪圈，从环棱螺的奇闻趣事到克氏原螯虾和罗氏沼虾的迁移历史……在这套丛书里，科学性知识以趣味科普的方式娓娓道来。丛书还特邀多位资深插画师手绘了上百幅精美的插图，既有写实风格，亦有水墨风情，排版别致，令人爱不释手。

此外，丛书的内容以春、夏、秋、冬为线索展开，自然规律与故事性相结合，能激发青少年读者的好奇心、想象力和探索欲，增强他们的科学兴趣。让读者在感叹自然的奇妙之余，还能对海洋湖泊、物种生命多一份敬畏之情和爱护之心。

教育部"双减"政策的出台，给学生接近科学、理解科学、培养科学兴趣腾挪了空间和时间。这套丛书适合青少年阅读学习，既是鱼类知识的科普读物，又能作为相关研学活动的配套资料，方便老师教学使用。

科学的普及与图书出版休戚相关。江苏凤凰科学技术出版社发挥专业优势，致力于科技的普及和推广，是一家有远见、有担当、有使命的大型出版社。江苏省淡水水产研究所发挥省级科研院所渔业力量，将江苏优势渔业科技成果首次以科普的形式展现出来，"渔美四季丛书"的主题内容，与党的二十大报告提出的"加快建设农业强国"指导思想不谋而合。我相信，在以经济建设为中心的党的基本路线指引下，科普类图书出版必将在服务经济建设、服务科技进步、服务全民科学素质提升上发挥更重要的作用。希望这套丛书带给读者美好的阅读体验，以此开启探索自然奥妙的美妙之旅。

牛家珑

原江苏省青少年科技教育协会秘书长
七彩语文杂志社社长

前 言

2021年6月25日，国务院印发《全民科学素质行动规划纲要（2021—2035年）》。习近平总书记指出："科技创新、科学普及是实现创新发展的两翼，要把科学普及放在与科技创新同等重要的位置。没有全民科学素质普遍提高，就难以建立起宏大的高素质创新大军，难以实现科技成果快速转化。"

"渔美四季丛书"精选特色水产品种，其中胭脂鱼摇曳生姿，刀鲚熠熠生辉，长吻鮠古灵精怪，环棱螺腹有乾坤，河鲀生人勿近，克氏原螯虾勇猛好斗，罗氏沼虾广受欢迎。这些水产品种形态各异、各有特色。

丛书揭开了渔业科研工作的神秘面纱，化繁为简，以平实的语言、生动的绘画，展示了这些水生精灵的四季变化，将它们的过去、现在与未来，繁殖、培育与养成，向读者娓娓道来。最终拉近读者与它们之间的距离，让科普更亲近大众，让创新更集思广益、有的放矢。

中华文明，浩浩荡荡，科学普及，任重道远。愿"渔美四季丛书"在渔业发展的道路上，点一盏心灯，筑一块基石！

编者

目 录

纤鳞泼泼形如刀

鱼如其名

　　周末的一天，江小渔在大大的餐桌上写作业，而爸爸江茂在桌子另一头练字。

　　江茂从小练字，虽说算不上大家，一手字也是拿得出手的。

　　"扬子江头雪作涛，纤鳞泼泼形如刀。渔人拿网巨浪里，银光耀形腾光豪。"小渔读着爸爸写下的诗句，心想："扬子江不就是长江么？这首诗写的是什么？鳞？是鱼鳞吗？还是长江里的某种鱼？"小渔思来想去还是想不出答案，于是去问爸爸。

　　"这是清朝一位诗人的诗，写的是刀鱼。"江茂不愧是爱吃鱼的美食家，连练字的诗句也是和鱼有关。

　　"刀鱼？是什么鱼？"小渔没吃过也没见过刀鱼。

　　"哎，可惜呀，你都没见过刀鱼，我小时候，那可是经常吃刀鱼，我妈妈，也就是你奶奶经常买刀鱼回家给我炸着吃，那外酥里嫩的口感……我现在光说说，就要流口水了。"江茂说着咽了下口水。

"刀鱼长什么样？'形如刀'是不是说它长得像一把刀？"小渔继续问道。

"对啦，刀鱼刀鱼，这名字就是因为它的外形像一把刀才有的。我光说你没啥印象，我找张图给你看一下。"江茂说着就从书柜里翻出一本图鉴。

小渔看着图上的鱼，头尖，尾巴更尖，背部线条平直，整个身体确实像一把尖刀。小渔从来没见过这样的鱼，她见过的鱼尾巴要么是燕尾一样的剪刀形，要么是半圆形，要么是梯形，但是刀鱼的尾巴近似直角三角形，和身体的线条连贯起来，形成了"刀尖"。

小渔还注意到刀鱼的臀鳍特别长，一直延伸到尾巴，与尾鳍的下叶相连。胸鳍也很特别，上边有 6 条长丝，显得特别飘逸。江茂告诉小渔，这是游离的鳍条。

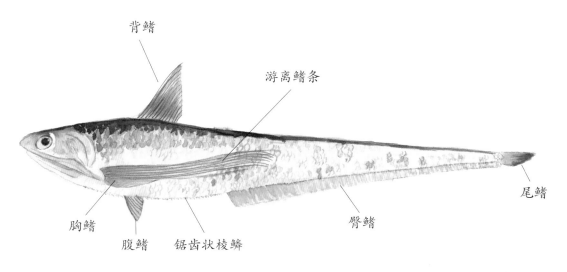

背鳍

游离鳍条

尾鳍

胸鳍
腹鳍　锯齿状棱鳞
臀鳍

● 刀鱼外形图

它的背鳍和腹鳍就比较普通了，背鳍在身体比较靠前的位置，略呈三角形，像船帆一样耸起；腹鳍则比较小，也呈三角形。

再看鱼的头部，它的嘴巴很大，从侧面看，嘴角斜斜向下，像是在生气，给人凶巴巴的感觉。再仔细一看，小渔发现了一个很有意思的东西："爸爸，你看这刀鱼的嘴角怎么有根刺啊，它是不是正在吃什么东西呢？"

江茂听完哈哈大笑："这可不是在吃什么东西，这是刀鱼身体的一部分，是上颌骨向后延伸形成的。"

小渔被笑得有点不好意思，为了掩饰尴尬只能把注意力放回刀鱼身上："它的鳞片银光闪闪的，背上还带点金黄色，真好看。"

"是的，真的刀鱼比这图片上的还要漂亮，鳞片还要闪亮。你再仔细看这刀鱼的肚子下边，是锯齿状的。"

小渔仔细看了看图片："真的耶，它长了锯齿吗？"

"这个叫锯齿状棱鳞。"

说完，江茂像是陷入回忆，停顿了好一会儿，直到小渔拿手在他眼前晃晃，他才回过神来。

"爸爸，你在想什么呢？"

"我在想我小时候看到的刀鱼，那身鳞片，就像银子做的，都能印出我的影子。那胸鳍上长长的鳍条，就像飘带一样。我都很多年没见过了。"江茂语气中带着一丝怀念。

"为什么现在就看不到了呢？"

"都快被捕完了，现在的长江里很少能看见刀鱼了。"江茂说话的神情有点悲伤。

从海上来

　　小渔还体会不到爸爸的悲伤，继续看书，她自顾自地念道："刀鱼只是它的俗称，它的正式中文名叫刀鲚，是鲱形目鳀科鲚属的鱼类。"

　　过了一会儿，小渔突然发问："洄游？刀鱼也会洄游？就跟大闸蟹一样吗？"

　　"对！不过刀鱼和大闸蟹相反，大闸蟹是从江里顺流而下到海里产卵，而刀鱼是逆流而上从海里到江里湖里产卵。"说完，江茂指着一张地图继续说道："你看，这里有刀鱼洄游路线图，成年刀鱼生活在海里，要开始生殖洄游了，就从沿海集中到长江口，停留一段时间，然后就逆着长江往上游。不过它们并不是只停留在长江里，也会游到和长江连通的河流湖泊，据研究，它们最远能到达洞庭湖。"

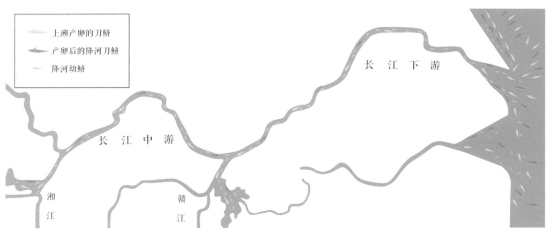

● 刀鱼洄游路线图

"哇，洞庭湖，距离长江口有多远？"小渔无法想象刀鱼游了多远。

"差不多 1 400 千米，就算是高铁，时速按 300 千米算，中间不减速、不停靠站台，也要开 4 个半小时呢。"江茂边说边在脑子里迅速计算着，"而且它们在产卵前不吃东西。"

"那它们怎么有力气游这么远的？"小渔惊叹于刀鱼的体力。

"就靠它们在洄游前多吃，储存脂肪。不过它们产完卵后就恢复吃东西了，等体力恢复后就又顺流而下游回到海里。"江茂继续说道。

"那刀鱼就是来回游了 2 800 千米呀，太厉害了！"小渔再次惊叹。

"还有个很有意思的事情。"江茂故意停顿一下，留下悬念。

"是什么呀？爸爸，你快说呀。"小渔知道爸爸在卖关子，作出一副着急的样子问道。

"刀鱼出水即死，科学家们很难去做研究，也没办法在它们身上装追踪器，所以之前也没有证据证明它们是从海里洄游到江里产卵。"说完江茂又故意停顿下来，看向小渔。

"那科学家怎么知道刀鱼是从海里游过来的呢？哎呀，爸爸，你能不能一口气说完呀，我都急死了。"小渔这回真着急了。

"靠的是寄生虫！"

"寄生虫？这怎么能证明呢？"小渔觉得有点不可思议，该不会是爸爸骗自己吧。

"有一种寄生在刀鱼鳃耙上的寄生虫，叫作中国上棒颚虱；还有一种寄生在刀鱼消化道的寄生虫，叫作简单异尖线虫。这两种寄生虫都是生活在海洋里的，如果在长江里的刀鱼身上找到这两种寄生虫，就说明它们来自海洋。而且由于中国上棒颚虱不能适应淡水，会逐渐从远离海洋的刀鱼鳃耙上脱落，所以离长江口越近的刀鱼身上的这种寄生虫越多，离长江口越远的刀鱼身上的这种寄生虫越少，有的几乎找不到。简单异尖线虫则因为寄生在刀鱼体内，受外界的影响比较少，不过刀鱼进入长江后，被这种寄生虫感染的数量和概率就会减少。不仅如此，科学家还可以根据刀鱼身上寄生虫的数量、寄生率等来推测刀鱼洄游的时间。"

"原来是这样啊，科学家好聪明，感觉什么困难都无法打倒他们。"小渔不禁赞叹道。

"是啊，不管遇到什么困难都不要气馁，办法总会有的，只要你多思考，多学习，保持乐观的心态和好奇心。"江茂借此机会教导小渔从科学家身上学习科学探索精神。

 简单异尖线虫

 中国上棒颚虱

出水即死

　　小渔陷入沉思，过了好一会儿，突然想起什么："等一下，我刚才好像有个问题要问的……是什么呢？我想起来了！爸爸你刚才说刀鱼出水即死，对吧，这是为什么呢？"

　　"这个我还真知道，嘿嘿。"自从小渔对鱼虾蟹感兴趣后，江茂就恶补了很多知识，因为小渔就像一个行走的"十万个为什么"，为了树立"百科全书"式老爸形象，江茂平时没事就看看书、上网查查资料，再加上自己也对这些感兴趣，结果是事半功倍，都快成半个渔业专家了。

　　"我其实也对这个问题感到好奇，小时候就老听渔民还有身边的大人们说，这刀鱼一捞上来就死了，后来我查资料才知道这是因为刀鱼应激反应很强烈。"做功课这么久，就为了小渔提问后能对答如流，江茂此刻心里十分的满足。

　　"应激反应？是什么意思？"小渔第一次听到这个词。

　　"不能总是你问我答，这样也太容易了，你也应该像我一样自己去寻找答案。"江茂本来想显摆一下自己的学识，可转念一想，这样对小渔来说并不是最好的学习方式，自己也不能一直帮她解决所有问题，还是让她自己去查吧。

　　"好！没问题！我肯定能找到答案。"小渔也不甘示弱，心想："该不是爸爸不知道答案，为了保住面子而故意这么说的吧，那我也要努努力了。"

　　于是，小渔打开电脑，在网上搜索着，忙活了好一阵儿，高兴地对爸爸说："我知道啦。应激反应就是各种紧

张性刺激物引起的个体非特异性反应。"小渔照着网上查到的资料念着。

"哦？那你说说看你是怎么理解的？"江茂希望小渔能把这些知识消化吸收。

"我觉得就是因为被捕捞或者离开水面，对刀鱼产生了刺激，让它呼吸、心跳加速等，身体有了一系列不好的反应，刀鱼的身体承受不了所以就死了。"小渔认真说着自己的理解。

"理解得基本正确，我再补充一点，刀鱼本身性子比较烈，在被捕到渔网里之后，就激烈地挣扎，弄得头破血流，最后精疲力尽而死。"

"我突然有点敬佩刀鱼了，宁可挣扎至死，也不愿被捕捉。"小渔感叹道。

诗意的春天

收集诗句

这天，江茂面带神秘的微笑对小渔说："小渔，我给你布置一个任务。"

"什么任务？"小渔不知道爸爸葫芦里卖的什么药。

"刀鱼自古就是文人雅士追捧的美食，他们品尝美味后留下了许多关于刀鱼的诗句。你的任务就是尽可能多地收集跟刀鱼相关的诗句。"

"爸爸，你是不是嫌我语文成绩下降了，想以此激励我好好学习语文啊？！"小渔立马明白了爸爸的用意。

"这个嘛，有这个原因，但更多的是希望你能了解刀鱼和刀鱼的文化。要知道，一种动物的背后不仅有生物学的知识，也有相关的历史文化知识。你可不能偏科哦。"江茂语重心长地说。

"好的，没问题。如果你只要我背名诗名句我可能不太行，但是跟刀鱼有关的诗嘛，我立马就有兴趣了。"小渔信誓旦旦，相信自己一定能完成任务。

于是，接下来的好几天小渔都在网上，还有《唐诗三百首》之类的书上找跟刀鱼相关的诗，但是收效甚微，只找到几首题目或者诗里有"刀鱼"两个字的诗。

刀鱼

[清] 宋 琬

银花烂漫委筠筐，铁带吴钩总擅长。

千载专诸留侠骨，至今匕箸尚飞霜。

铜仁秋感和刘丙孙六首 其六

[清] 查慎行

莫谩愁羁旅，南游计亦良。

主嫌芦酒浊，客爱野蔬香。

珠米升春雪，刀鱼寸缕霜。

蹉跎叨匕箸，容易送流光。

移家金陵即事 其三

[清] 孙星衍

经时无术惜才疏，检点空楼一寸书。

北去心情浑不定，刀鱼放下忆时鱼。

泊舟兜率寺呈王承可 其一

［宋］黄彦平

樯燕惊三叠，刀鱼送两旗。

雨篱花淡泊，风岸柳参差。

晚并知名寺，同寻没字碑。

摩挲几来者，澡沂总何之。

为什么只能找到这么几首呢，爸爸不是说很多吗？没办法，小渔只好硬着头皮去问爸爸。

江茂回想起自己当初学习检索资料时的样子，笑着提醒道："你要找刀鱼相关的古诗句，首先要知道刀鱼在古代叫什么，或者有哪些俗称。"

"对呀，难怪我找不到其他的，我只是在找有'刀鱼'两个字的诗。我这就去查。"小渔意识到问题在哪儿之后，开心地跑向书房。

"刀鱼的正式名叫刀鲚，又叫长颌鲚，地方名叫刀鱼、毛刀鱼、毛花鱼、胡子鱼、跻鱼等，我国古籍中称鱴、鮆、望鱼等。"看着资料中写的，小渔感叹道："原来刀鱼有这么多名字啊！这好多字我都不认识，先来查查。"

> 鱴：繁体字，音同"列"。古代人们对刀鲚的称谓之一，感兴趣的读者可在《尔雅·释鱼》中查到这个字。一名鱴。今鮆鱼也。
>
> 鮆：繁体字，指刀鲚时音同"鲚"。《说文》中解释"鮆，刀鱼也。饮而不食，九江有之"。指出了刀鱼生殖洄游时不再摄食的特性。

小渔看着一大堆不认识的繁体字和古文，有点头疼，但是至少知道了"鮤"读"liè"，"鮆"读"jì"，指的都是刀鱼。那再用这几个字来查查吧。

和文与可洋川园池三十首·寒芦港

〔宋〕苏　轼

溶溶晴港漾春晖，芦笋生时柳絮飞。

还有江南风物否，桃花流水鮆鱼肥。

邵考功遗鮆鱼及鮆酱

〔宋〕梅尧臣

已见杨花扑扑飞，鮆鱼江上正鲜肥。

早知甘美胜羊酪，错把莼羹定是非。

暮春四首 其二

〔宋〕陆　游

辛夷海棠俱作尘，鮆鱼蓴菜亦尝新。

一声布谷便无说，红药虽开不属春。

花下小酌

[宋] 陆　游

柳色初深燕子回，猩红千点海棠开。

鲚鱼莼菜随宜具，也是花前一醉来。

送胡公疏之金陵

[宋] 梅尧臣

绿蒲作帆一百尺，波浪疾飞轻鸟翮。

瓜步山傍夜泊人，石头城边旧游客。

月如冰轮出海来，江波千里无物隔。

自古有恨洗不尽，于今万事何由白。

依稀可记鲍家诗，寂寞休寻江令宅。

杨花正飞鲚鱼多，食脍举酒谢河伯。

但令甘肥日饱腹，谁用麒麟刻青石。

去舸已快风亦便，宁同步兵哭车轭。

"原来关于刀鱼的诗可真不少！"小渔边抄写诗句边感叹着，"而且我发现陆游和梅尧臣这两位诗人写的关于刀鱼的诗很多。"

"没错，梅尧臣可是和苏轼一样的大美食家，他很爱吃刀鱼。而且宋朝是吃刀鱼的鼎盛时期，你看这些诗大部分都是宋朝的诗人所作。"说到美食文化，江茂可是滔滔不绝。

● 春景配刀鱼

"小渔，你注意到没有，这些诗里有很多跟春天有关的词，你能找出来吗？"

"柳絮、桃花、杨花、海棠。"小渔很快就找出来了。

"没错，非常好。刀鱼和鲥鱼、河鲀并称为'长江三鲜'，而刀鱼又被称为'长江第一鲜'。古语云'清明挂刀，端午品鲥'，就是说清明节前是吃刀鱼最好的时节，而端午节是吃鲥鱼的最好时节。还有古语云'清明前细骨软如绵，清明后细骨硬如针'。刀鱼刺多，但是清明节前刀鱼的刺是软的，到了清明节后就变硬了，吃起来就不方便也不美味了。"

"这是为什么呢？"小渔不禁疑惑。

"我们之前讲到刀鱼是洄游的，还记得吧？长江的刀鱼每年三四月份从海里往长江里游，它们产卵前不吃东西，而是先在海里大吃特吃，储存大量的脂肪维持生命活动。而且刀鱼逆流而上，大量的运动使得肌肉紧实。所以刚刚从海里游到长江的刀鱼是最肥美的，此时正好是清明节前，如果等刀鱼游太远或者产完卵，它们体内的脂肪和营养物质消耗过多就不好吃了。"

"原来是这样，但是这些鱼都是要去生宝宝的，如果就这样吃掉它们，那岂不是鱼宝宝们也没机会出生了？"作为一个孩子，小渔对刀鱼并没有好吃不好吃的评判，只有最单纯的善良。

江茂被小渔说得有点羞愧，自己只想着什么时节吃刀鱼最好，却没想到这个层面："你说得很对，这大概也是刀鱼越捕越少的原因吧……"

沉默了一会儿，江茂安慰小渔："不过现在人们意识到了这个问题，为了保护刀鱼和长江里的其他鱼类，国家出台了'长江十年禁渔计划'，而且刀鱼的人工繁殖技术也正在研究开发中，相信不久就能见到桃花流水'鲦'鱼肥的景象了。而且我们现在探讨的是古时候文人雅士笔下的刀鱼和美食文化，这也是刀鱼本身的魅力之一。"

小渔点点头。

春馔妙物

"爸爸，你刚才说刀鱼刺多，对吧，我最怕鱼刺了，那些诗人美食家为啥就爱吃刀鱼呢？"小渔转而又对刀鱼的饮食文化好奇起来。

"因为刀鱼实在太鲜美了，刺多都无法阻挡它的美味，而且古人发明了很多吃法来避开鱼刺。"

"哦？是吗？快告诉我，让我也学学。"小渔立刻兴致高涨。

"宋代诗人刘宰在诗里写道'肩耸乍惊雷，腮红新出水。佐以姜桂椒，未熟香浮鼻。河鲀愧有毒，江鲈惭寡味'。就是说好的新鲜的刀鱼，将身体倒竖起来是笔

● 清蒸刀鱼

直的，且鱼鳃鲜红，再用点姜、桂皮、花椒佐味，还没熟就香气扑鼻。而且鲜美的河鲀有毒，江鲈味道寡淡，都比不上刀鱼。清代文学家李渔在《闲情偶寄》中称赞刀鱼是'春馔妙物'，还说'食鲫鱼及鲟鳇鱼有厌时，鲦则愈嚼愈甘，至果腹而不能释乎'。就是说鲫鱼和鲟鳇鱼有吃厌的时候，但是刀鱼却是越吃越美味，哪怕吃饱了都还想吃。还有民间谚语说'宁去累世室，不弃鲦鱼额'，老祖宗留下的祖宅都可以不要，但是不能丢掉刀鱼头。"说完，江茂咽了下口水，继续说道，"刀鱼最好的吃法是清蒸，清代美食家袁枚写了一部美食巨著《随园食单》，也是我爱看的书。"说着，江茂走到书柜前翻找起这本书。

随后，江茂翻到其中一页，给小渔看。

刀鱼二法

刀鱼用蜜酒酿、清酱放盘中，如鲥鱼法蒸之最佳。不必加水。如嫌刺多，则将极快刀刮取鱼片，用钳抽去其刺。用火腿汤、鸡汤、笋汤煨之，鲜妙绝伦。金陵人畏其多刺，竟油炙极枯，然后煎之。谚曰："驼背夹直，其人不活。"此之谓也。或用快刀将鱼背斜切之，使碎骨尽断，再下锅煎黄，加作料，临食时竟不知有骨：芜湖陶大太法也。

小渔文言文学得不太好，遂用期待的眼神看向爸爸。

江茂心领神会，翻译道："刀鱼用蜜酒腌一下，放在盘子里，用蒸鲥鱼的方法蒸一下是最好的，不用加水。如果嫌刺多，就用极快的刀刮取鱼片，用钳子抽掉鱼刺，然后再用火腿汤、鸡汤和竹笋汤煨一下，简直鲜妙绝伦。金陵人，你知道的，金陵就是现在的南京，害怕刺多，竟然用油将刀鱼炸到枯，再煎着吃。就像谚语说的把驼背的人强行夹直，这个人就没命了。哈哈哈！"讲到这儿，江茂大笑起来。

小渔不解，问道："爸爸，你笑什么呢？"

"这说的不就是我嘛，我小时候就是这么吃刀鱼的，这种吃法竟然被大美食家如此嫌弃。可惜呀，我小时候不懂，还觉得炸刀鱼挺好吃的。"江茂接着说，"袁枚还说了一种做法，就是用快刀斜着切鱼背，使刺都断掉，再下锅煎至金黄，加一些调料，吃的时候都吃不出有骨头。还有，在清蒸的时候，鱼鳞不能刮掉。"

"刺多就算了，鱼鳞也不刮吗？"江茂话还没说完，小渔就打断他。

"对啊，刀鱼的鱼鳞蒸过之后会化成油脂浸入肉里，增加鱼肉的香气。"江茂赞叹道。

"这么神奇呀，被你说得我都快流口水了。"小渔说罢舔了舔嘴唇。

"刀鱼的刺多虽然是一个缺点，但也给了我们细细品尝的机会，用筷子夹取一点鱼肉，放入嘴里抿一口，再慢慢咀嚼，吐出鱼刺。这样才能让刀鱼那细嫩鲜美、肥而不腻的肉尽可能多地和我们的味蕾接触，让那香味'绕梁三日'。"江茂边说边闭起眼睛，仿佛嘴里已经有了刀鱼的鲜美滋味。

● 油炸刀鱼

繁荣的夏天

有油球的卵

一个周五的傍晚，小渔放学回到家，见到爸爸后兴奋地说："爸爸，你猜我今天在学校见到谁了？"

正在做饭的江茂停下手中的活儿，摇了摇头："我实在猜不到。"

"我见到江苏省淡水水产研究所的叔叔阿姨们了，有苏叔叔和黄叔叔呢。"

"真的啊！"江茂颇感意外，"他们去你们学校干什么？"

"开讲座啊，给我们讲了很多渔业知识，中间还有提问，我都答对了哦。对了，我还知道了刀鱼卵长什么样，我还用电话手表拍了照呢。"小渔骄傲地说。

"是嘛，快给我也看看。"江茂也很好奇刀鱼的卵

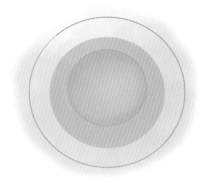

长什么样。

小渔翻出电话手表里的照片，只见图中是一个透明的球体，可以看见里面的卵黄囊，但卵黄囊里还有一个大大的、像是灌满了油的气泡。

小渔指着图片说："研究所的老师介绍说，刀鱼的卵叫浮性卵，里面有油球。因为油的比重比水小，所以可以让卵浮在水面上，是不是很神奇。"

江茂看着小渔给自己认真讲解的样子，心里满是欣慰："这个我真的不知道哎，很有意思，谢谢你将这个知识分享给我。"

"嘿嘿，我就知道爸爸你也会感兴趣的。不过由于时间关系，研究所的老师讲的关于刀鱼的知识并不多，我决定自己再去研究研究！"

第二天正好是周六，江小渔刚吃完早饭就一头扎进书房，翻着书，查着资料。

她对鱼卵很是感兴趣，没想到小小鱼卵竟然还能借助油球漂浮在水面上。查过资料之后，她才知道刀鱼的卵只有一个油球，而有些鱼的卵里面有很多油球，比如同为"长江三鲜"的鲥鱼，鱼卵里有 30 多个油球。

另外，小渔查到除了浮性卵，还有沉性卵。

沉性卵：卵的比重比水大，产出后沉入水底。卵粒一般较大，淡水鱼类多产沉性卵。

"原来是这样，真有意思！差点忘了我是来查询刀鱼相关信息的。"小渔突然想起了自己的初始目标。"刀鱼为什么会洄游呢？刀鱼从海里来到江里，一路上都会经历什么事情？什么时候产卵？刚孵出来的小鱼长什么样？小鱼吃什么？什么时候再回到海洋里？"小渔的脑子里已经有了一连串的问号。

洄游的原因

不仅刀鱼，小渔还查到中华鲟、暗纹东方鲀、鲥鱼等都是要溯河洄游的，它们为什么不在广阔的大海里待着，偏要千辛万苦、不吃不喝地从海里逆流而上，游到江河湖里产卵呢？

小渔在网上查找了好一会儿，终于找到了一篇论文，查到了可能的原因：

● 洄游的刀鱼群

- 淡水渗透压低于海水，适宜卵的生存。
- 刚孵化的鱼苗，体质弱，游泳能力很差，湖湾、港汊等环境比较平静，有利于它们的生活。
- 淡水中敌害较少，能保证大量后代的生存。

　　就这样，小渔沉浸在畅游于知识海洋里的快乐中，不知不觉，一个上午就过去了。当江茂叫小渔吃饭时，小渔才回到了现实。

　　小渔开心地来到餐厅，跟爸爸妈妈说："我今天收获很大，了解了好多刀鱼洄游的知识。"

　　小渔一顿猛吃，连平时不那么爱吃的菜也觉得好吃了。填饱肚子后，小渔开始滔滔不绝地跟爸爸妈妈讲起课来。

　　"刀鱼每年2月初就开始洄游了，不过这个时候洄游的刀鱼不多，最多的时候在3—4月，以前的渔民会称这个时期为'渔汛期'。刀鱼的洄游不是所有的鱼都一起行动，而是断断续续的，会一直持续到10月份。刀鱼的目的地也不都是一样的，有的就在长江的江苏江段，有的到了安徽、江西和湖北江段，然后再进入和长江连通的湖泊和小河，它们最远能到达洞庭湖，这个爸爸上次也说到了。"

　　江茂马上竖起大拇指，表示赞赏。

　　"我继续说，还有的刀鱼不进入长江，而是进入了钱塘江和黄河等，所以不是只有长江有刀鱼哦。刀鱼到达产卵场之后就开始产卵，产卵的高峰期是4—6月。产完卵后，刀鱼父母就开始慢慢往大海游了，也有些不是立马就往回游，而是在产卵的地方待一段时间。以前的渔民称这些往大海里游的刀鱼叫'回头刀鱼'，'回头刀鱼'从4月份开始出现，一直持续到11月份。"

小渔话音刚落，江茂和于晓就鼓起掌来，小渔有点不好意思，忙说："我还没说完呢，我有点渴了，喝杯水继续！"

独自孵化

小渔灌了一杯水，又开始说道："刀鱼妈妈产完卵之后不就返回大海了嘛，留下鱼卵独自孵化、生长。我觉得刀鱼爸爸妈妈好不负责哦，留下鱼宝宝们自己长大。"

这个时候江茂还没开口呢，于晓先说话了："大自然就是这样，各种各样的动物父母都有，有的尽心尽力地照顾自己的孩子，有的生完就不管了，这都是生存的需要。不过，你这样想，刀鱼爸爸妈妈先是在海里大吃特吃，储存脂肪，然后一路历经千辛万苦、不吃不喝逆流而上找到一个相对安全和平静的地方生下宝宝，这也是一种付出呀。"

小渔听完点点头："妈妈说得很有道理，刀鱼爸爸妈妈的付出是在宝宝出生之前的。回到正题，刀鱼的卵在

40多小时后孵化，刚孵出来的刀鱼特别小，只有两三毫米，形状像一个小蝌蚪，而且还带着油球呢，这个时候的小刀鱼还要靠卵黄里的营养物质过活。然后长到第6天，小刀鱼就可以自己吃东西了，这时候它们的游泳能力也变强了，但还是有油球。还有哦，你们猜，刀鱼刚生出的时候有没有鳞片？"小渔故意想考考爸爸妈妈。

爸爸妈妈也很配合，一个猜有，一个猜没有。

小渔有点得意地说："正确答案是没有，妈妈答对了！小刀鱼长到60天的时候才开始出现鳞片，到95天的时候才基本长齐。这个时候的小刀鱼就和爸爸妈妈很像了。"

"刀鱼一次可以产多少卵呢？"江茂举手提问。

"这个，我记得我查到了，我应该记在笔记本上了，等我找一找……找到了，是2万到7万粒。"

"这都是你自己找资料学习到的？太厉害了！"小渔的学习热情和学习能力已经大大超出了江茂的预期，江茂不禁赞叹道。

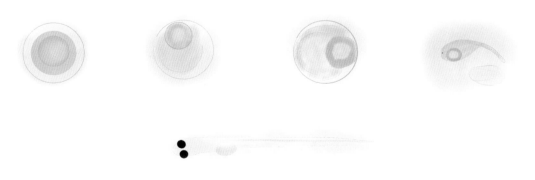

● 刀鱼孵化

萧瑟的秋天

科普体验馆初探

一个周一的早晨，阳光明媚，虽然夏日的余热还未完全退去，但零散飘落的树叶昭示着秋季的到来。

这天，学校组织同学们去渔业生态资源保护科普体验馆参观，小渔和同学们随着大巴来到了一个她熟悉的地方，"这不是江苏省淡水水产研究所嘛，难道科普体验馆就在研究所里？我以前怎么没听说呢？"小渔在心里嘀咕。

大巴驶入研究所，在一幢小白楼前停了下来。

小渔和同学们从大巴车上下来，一位穿着红马甲的大姐姐满脸笑容地迎上来："欢迎同学们！我是渔业生态资源保护科普体验馆的讲解员，大家可以叫我杨老师。请大家跟我来。"

话音刚落，杨老师就领着同学们走进小白楼一楼。

体验馆坐落在一楼的最尽头。走进体验馆，首先映入眼帘的是满屋子的标本，有放在玻璃罐里的，有挂在墙壁上的。体验馆小巧而精致，充分利用空间，展示的标本、化石等展品整齐有序地排列着。而这其中最引人注目的是场馆中心的两个大标本。

"白鱀豚，"小渔默念着展牌上的名字，"以前只是在书上和网上看到过，没想到在这里见到了标本！还有中华鲟，真的好大啊，比我想象的还要大！"

"同学们，我们这个渔业生态资源保护科普体验馆是这个月新开放的，集中展示了江苏省淡水水产研究所自成立以来珍藏的淡水水生生物标本，较为全面地展示了具有江苏特色的渔业资源情况。而且你们是第一批参观

● 渔业生态资源保护科普体验馆

科普体验馆的同学哦，我也非常荣幸为大家讲解。我们从这里开始参观，大家先听我讲，有什么问题可以随时提问。"杨老师的声音打断了小渔的思绪，小渔把心中的许多疑问暂时压了下去，先仔细听老师的讲解。

杨老师从镇馆之宝白鱀豚和中华鲟开始讲起，详细讲了它们是什么时候，从哪里获得的，是怎么制作成标本的，它们背后有怎样的故事。小渔听入了迷，原来标本也是有生命的，它不仅记录了动物的生物信息，也见证了时代的变迁。

然后杨老师带领他们从进门处开始，顺着沿墙设立的展览柜一一讲解。

刀鲚身世之谜

突然，小渔看到了一个熟悉的身影——刀鱼，但是这个标本跟照片比起来黯淡无光，身上的鳞片早已失去光泽。

"这个是刀鲚，俗称刀鱼。为什么叫刀鱼呢？大家看，它的整个身体是不是像一把尖刀呢？"同学们纷纷发出感叹，"真的耶！"小渔此时心里暗自高兴："我早就知道了。"

"曾经鱼类学家认为刀鲚也叫长颌鲚，与长颌鲚相对的还有短颌鲚，曾经的长颌鲚和短颌鲚靠上颌骨的长度进行区分，上颌骨与鱼体头长的比值小于1的就鉴定

● 刀鲚标本

为短颌鲚。长颌鲚和短颌鲚不仅上颌骨的长度不一样，生活习性也不一样，长颌鲚进行生殖洄游，而短颌鲚不洄游。后来又有鱼类学家提出太湖湖鲚是长颌鲚的一个亚种，是不进行洄游的。现在鱼类学家们通过分子生物学研究，发现长颌鲚和短颌鲚实际上是同一个物种，现在都称为刀鲚，但分为溯河洄游型和淡水定居型两个生态类型。"杨老师对刀鱼的介绍就到此为止了，场馆里还有很多标本，但杨老师没有时间对每一个标本进行长篇大论式的介绍。

不过小渔很开心，尽管已经查了不少资料，但杨老师刚才说的这些知识却是小渔之前不知道的。

　　大致介绍完场馆里的所有标本后，杨老师站在一个鱼钩前（据介绍这可是南宋时期的鱼钩），说道："曾经长江里生活着 400 多种鱼类，但由于过度捕捞、水环境污染、拦河筑坝、航道整治、挖沙采石等人类活动的干扰，鱼的种类和数量都在大幅下降。同学们还记不记得，我刚才介绍的水生生物中，哪些是已经灭绝的？"

　　"白鱀豚已经灭绝了。"

　　"准确地说，是功能性灭绝。"

　　"白鲟也灭绝了。"

　　"长江鲟也灭绝了。"

　　"不对，长江鲟是野外灭绝。"

　　"大家都回答得很对，看来大家都听得很认真。那还有哪些水生动物是极度濒危的？"杨老师接着问道。

　　"中华鲟。"

　　"长江江豚。"

　　"还有刀鱼！"小渔脱口而出。

　　"没错，刀鱼虽然不是国家一、二级保护动物，但是在 IUCN 濒危物种红色名录上被列为濒危等级。我刚才没有讲到这点，看来这位同学对刀鱼很是了解呢。"杨老师有些惊讶，用赞赏的眼光看向小渔。

　　"好，我们就用刀鱼的例子来说一说。刀鱼是'长江三鲜之首'，自古以来就受到很多大诗人、大文学家，以及美食家的追捧。曾经我国刀鱼资源丰富，有统计资料表明，1973 年，长江中下游的刀鱼年产量为 3945 吨，此后产量不断下降，到了 1983 年的时候仅为 135 吨。2001 年到 2009 年的 9 年间，刀鱼年均产量为 86.2 吨。刀鱼不仅是产量下降，而且体长、体重对比历史数据也是在逐渐下降。也就是说刀鱼的数量越来越少，体型也越来越小了。"

"为什么刀鱼会越来越少、越来越小呢？"突然有个同学提问。

"好，既然有同学提问了，我们就来具体说一说。第一点，就是过度捕捞，我们知道刀鱼洄游到长江是要去产卵的，对不对，但这个时候人们把刀鱼都捕捞起来，刀鱼就没有足够的繁殖群体，后续力量不足，没有新生命的及时补充，数量就会越来越少。第二点，有些渔民会使用鳗苗网和深水张网等网具捕捞刀鱼，这种网具网眼非常小，我们馆里有展示，大家看这里，是不是网眼很小？"

同学们凑到展示的网具旁仔细查看，纷纷点头。

"这种网不仅能捕到大鱼，也能捕到个头很小的小鱼苗，那么这些小鱼苗没有机会长大就被捕上岸了，进一步破坏了刀鱼种群。第三点，排放到长江的生活污水和工业污水造成了水环境污染，影响刀鱼的繁殖和生长。第四点，大坝、码头等涉水工程影响了刀鱼的洄游繁殖，刀鱼到不了产卵场，或者产卵场被破坏，刀鱼也无法繁殖。另外还有一些电鱼、毒鱼、炸鱼等违法捕捞手段会对水域中鱼类种群造成毁灭性后果。其实，除了刀鱼，很多其他鱼类也是因为相同的原因而数量下降，甚至濒危灭绝。"杨老师说着说着，表情也变得凝重起来。

● 刀鱼遇到的困难

"大家知道'长江十年禁渔计划'吗？"杨老师脸上又重新出现笑容。

"我知道，就是十年都不能在长江捕鱼！"有个男同学抢答道。

小渔本来也第一时间举起了手，没想到还是被这个男生抢先了，心里还有点不服气。

"没错，基本正确，我再补充一下，不仅是长江，还有长江的重要支流，比如岷江、嘉陵江、汉江等，以及大型的通江湖泊，比如鄱阳湖、洞庭湖也都实施十年禁渔。这个计划是从 2020 年 1 月 1 日 0 时起实行的。"

"那为什么要禁十年呢？"小渔忍不住提问。

"其实在'长江十年禁渔计划'实施之前，长江就实行了季节性禁渔，从每年的 4 月 1 日持续到 6 月 30 日，后来延长一个月，从 3 月 1 日到 6 月 30 日。但是季节性禁渔并没有起到很大的作用，禁渔期过去，重新开捕后，许多刚刚出生没多久的小鱼苗被捕捞上岸，这样一来，季节性禁渔的成果就无法延续。而十年的时间可以让青鱼、草鱼、鲢和鳙等长江捕捞的主要鱼类繁衍两三代，其野生种群就可以得到恢复。而且禁渔不仅保护了鱼类，也保护了整个长江生态系统，十年的时间有助于以鱼类为代表的长江水生生物的繁衍生息，最终恢复长江流域的大部分水生生物数量，维护流域生态系统完整性。对了，除了大量的生产性捕捞，这个计划对个人的休闲垂钓也有严格规定，原则上只允许一人一杆、一线一钩，不得使用各类探鱼设备和视频装置，所以如果大家看到有人在长江边违规钓鱼，可以打举报电话或者直接打110。"

"好啦，同学们，今天的参观体验活动到这里就结束了，非常感谢大家的参与和倾听！"

"谢谢杨老师！"同学们异口同声地说道。

杨老师微笑着和同学们挥手告别，小渔和同学们也坐上了回学校的大巴车。

"今天又是收获满满的一天，回家后又可以和爸爸妈妈分享了。"小渔眼睛看着窗外的景色，心里却在默默回想刚刚学到的知识。

第 五 节

希望的冬天

刀鱼重现

这天，小渔一家正在家里吃晚饭，客厅的电视机没有关，电视里正在播报新闻。边吃饭边听新闻是江茂的一个习惯。

"'春潮迷雾出刀鱼'，自2020年以来，我省'长江十年禁渔计划'实施成果凸显。今年春季，世界濒危物种、多年不见踪迹的刀鱼被发现在江西多地产卵，资源明显恢复。"这条新闻引起了小渔的注意。

"爸爸，你刚才听见了吧，好像说的是刀鱼？"小渔怕听错了，跟爸爸确认一下。

"没错，说的就是刀鱼，说在江西多个地方发现刀鱼产卵了。"江茂显然也很关注这条新闻。

"哇，太好了。这是不是说明禁渔计划有效果了？"小渔有点激动。

"是的，不仅是江西，我记得之前多地都有类似的新闻和研究，鄱阳湖、赣江、滁河全椒段，还有上海的崇明岛、长江镇江段都有刀鱼的身影，甚至还有人拍到了长江江豚吃刀鱼的视频！"江茂边在手机上查阅相关新闻边说道，然后把视频拿给小渔看。

"啊，刀鱼好不容易恢复一些了，却被江豚吃掉，会不会数量又下降呢？"小渔看到刀鱼被吃的画面不免有点担心。

"不会的，这个不用担心，这是好现象呀。刀鱼本来就在长江江豚的食谱上，这是自然规律，只有刀鱼数量恢复了，长江江豚才能吃上呀。而且长江江豚比刀鱼更加濒危呢，只有长江江豚食谱上的鱼的种群恢复了，长江江豚才能恢复。"江茂说完拿回手机继续查阅着。

科技造福动物

"小渔，你看这篇新闻。"江茂看到一篇有意思的新闻，再次把手机拿给小渔看。

"2022 年，中国环境监测站将江苏省列为长江流域鱼类环境 DNA 监测首批试点省份，泰州市是江苏唯一市级试点地区。泰州市以长江流域鱼类环境 DNA 监测试点为契机，先行先试利用环境 DNA 技术开展长江鱼类群落监测，共调查到鱼类 10 目 21 科 45 属 55 种。

● 江豚吃刀鱼

值得一提的是，此次检测到了列入《世界自然保护联盟濒危物种红色名录》的濒危物种刀鲚。"小渔边看边念出来，"哇，泰州也发现刀鱼了呢，环境 DNA 监测是什么？"

"小渔，你知道什么是 DNA 吗？"江茂问道。

"嗯嗯，老师上课时讲过，DNA 就是脱氧核糖核酸，是生物的遗传物质。"小渔对答如流。

"生物的每个细胞里都有 DNA，包括它掉落的毛发、排泄物、皮屑等物质里面也有，这些东西会掉落在它们生活的土地上或者水里，所以如果你在森林里挖一包土或者在河流里装一杯水，然后分析这些土和水，就能在里面找到很多不同动植物的 DNA。再通过分析这些 DNA 就能知道这片森林或者这片水域里都有哪些生物。"江茂看了文章里的信息，然后按照自己的理解给小渔解释了一番。

"哦，我明白了。这也太神奇了吧，就这么一小包土和一小杯水就能知道这么多信息啊！"小渔赞叹道。

"这个方法不仅高效、成本低、操作简便，而且不会对任何生物造成伤害，尤其是濒危的野生动物。以前要想调查这些动物的种群数量，要去捕捞或者抓捕，整个过程可能会对濒危动物造成一定的伤害，但这个环境 DNA 技术根本都不需要接触到动物。"江茂其实也不太了解，所以边在手机上查阅着边解释给小渔听。

"这真是太好了，科技造福了这些动物们！"

"哎呀，你们吃完饭再讨论吧，菜都要凉了。"于晓在一旁看着父女俩只顾着讨论，连饭也不吃了，实在有点忍不住吐槽了。

"好的，老婆大人。"

"好的，妈妈。"

父女俩异口同声道，然后拿起筷子大口大口扒饭。

● 吃饭的一家三口

玉碎三消

吃完饭，江茂和小渔半躺在沙发上休息。

"对了，小渔，我前几天在书上看到一道非常神奇的关于刀鱼的菜谱，叫作'玉碎三消'。你有没有兴趣了解一下呀？"江茂其实知道小渔一定会感兴趣。

"玉碎三消？玉怎么能吃呢？"小渔对这个名字甚是不解。

● 玉碎三消

"哈哈，这个玉不是指玉石啦，而是指刀鱼雪白的鱼肉。"江茂被小渔的天真逗笑了，"玉碎就是指刀鱼的鱼肉散落在米饭上，而三消是指鱼鳞、鱼骨、内脏消失。"

"鱼鳞消失我知道，爸爸你之前说过刀鱼的鱼鳞蒸过之后会化为脂肪，但是鱼骨和内脏如何消失呢？"

"内脏消失其实就是把筷子从鱼嘴插入鱼腹中，搅出内脏，而不剖开腹部，保持鱼形态的完整。那最神奇的就是鱼骨消失了。这道菜需要一个大蒸锅，蒸锅里放米饭和鸡汤，然后把刀鱼固定在锅盖上。"

"刀鱼怎么固定在锅盖上呢？"小渔不禁好奇。

"关于这道菜，有的说把刀鱼直接放在米饭上，鱼背紧贴锅盖，蒸煮时，滚烫的锅盖会粘住鱼背。但也有人试过，实际是粘不住的，于是用钉子把鱼头和鱼尾固定在锅盖上。然后把鱼和米饭一起蒸，当米饭蒸熟的时候，揭开锅盖的瞬间，雪白的鱼肉就会纷纷散落到米饭上，鱼骨则留在锅盖上，这就是鱼骨的消失。这种烹饪方式能将刀鱼的鲜美发挥到极致，蒸出来的米饭也是味美香鲜。"江茂光是想象这个画面就忍不住流口水。

"还好我刚吃饱饭，不然我要馋到肚子咕咕叫了。"小渔听完，眼前仿佛也出现了那美好的画面。

"可惜，现在鲜活的养殖江刀实在是太贵了，不然我真想尝试一下这个有趣又带有诗意的做法。"

"江刀？"小渔不解。

"对，就是洄游到长江里的刀鱼，与江刀对应的还有湖刀和海刀，但是味道都不及江刀。湖刀就是不洄游的、生活在淡水湖泊里的刀鱼，而海刀就是生活在海洋里的刀鱼。其实它们都是同一种鱼，但是因为时节和生态习性的不同造成了它们味道的不同。"

"爸爸，你说古人怎么都这么会吃呢？不仅研究出最合适的做法，还要研究什么时候什么地方的最好吃。"

"对呀，这就是我们灿烂的美食文化。怎么样，你是不是也想和我一样做美食家啦？"江茂用期待的眼神看向小渔。

小渔笑而不语，似乎在思考未来到底要做什么才好。

桃花流水鳜鱼肥会有时

宁打耳光不放

又是一年春来到。

趁着春光正好，江茂提议这周末全家去江阴市游玩。

周六，天刚蒙蒙亮，江茂就催着老婆和女儿赶紧出发。江茂似乎早就探过路，下了高速就直奔市区的一条小巷子。

江茂在路边停好车，带着老婆和女儿走进一家老店。

只见这家店里面整洁干净，但看装修风格还是20世纪90年代的样子，看出来是个有些历史的老店了。

小渔环顾四周，很多人都在低头吃面，还有些人在座位上低头玩手机，显然是在等着面上桌。

● 面馆场景

"这里是吃什么的？面吗？"小渔问爸爸。

"没错，江阴很有名的一道美食就是刀鱼面，这家店也是几十年的老店了，味道相当正宗。"江茂说起这个如数家珍，仿佛脑子里有个美食地图，哪里有什么好吃的，他都门清。

这时候，小渔被墙上的文字吸引：

清代，衙署设在江阴的江苏学政大人孙葆元嗜食面条，家厨想尽办法投其所好。农历二月初六，值其五十大寿，正是长江刀鱼上市之时，家厨便用"刀鱼面"上桌庆贺，主人与宾客尝后赞不绝口。后来，刀鱼面逐渐由官吏、乡绅传至各家菜馆、饭店，平民百姓也得以尝鲜。

"没想到还有这故事呢。"小渔看完暗自思忖。

"老板，来三碗刀鱼面！"江茂的大声叫喊打断了小渔的思绪。

"好嘞，三碗刀鱼面。"

"清蒸鲜刀鱼可能是吃不上了，但是刀鱼面不可错过。江阴人有句土话'面汤甩到眼膛，宁打耳光不放'，说的就是宁可被打耳光也要吃这个刀鱼面。"

"我可不想被打耳光。"小渔下意识地捂住脸颊。

"哈哈，这只是一个比喻啦。刀鱼面可不是只把刀鱼当做浇头，而是把鱼肉和进面里！"

"鱼肉怎么和进面里呢？"

"首先要把刀鱼劈成鱼片，然后把薄而不散的鱼片剁成鱼肉沫，这个过程中，讲究的老师傅还会在案板上垫块猪皮，防止案板的木屑进入鱼肉。然后把鱼肉沫、面粉加水和盐和在一起，和面的这个力道也非常讲究，要让面粉与鱼肉完美融合而不会粘黏。接下来把和好的面擀成厚薄均匀的面皮，用刀切出粗细一致的面条，面条煮熟后捞起，再配上鲜美的汤头，简直是人间美味啊。"

"这位先生很懂行呀，厉害厉害。"旁边的老板听到后忍不住赞叹一句。

"没有没有，我也都是从书上看到的。"

"你们的面来啦，慢慢享受。"老板端来三碗热气腾腾、香气扑鼻的刀鱼面放到桌上。

江茂捧着面碗，先深深吸一口香气，再拿起调羹舀起一勺汤喝上一口。

"这汤就已经足够鲜美，面得好吃成啥样啊。"江茂赞叹道，然后才不紧不慢地拿起筷子，挑起一撮面条送进嘴里，细细品尝，一口面嚼了足足一分钟。

"太幸福了，我现在才深刻理解了书上所有关于刀鱼味美的描述。"江茂吃刀鱼面甚至都吃出了幸福感。

小渔和妈妈看到江茂这个样子也被深深感染，细细品尝起来。

"可惜呀，现在吃不到最正宗的江刀了，长江禁捕以来，我们现在用的都是海刀了，味道肯定是赶不上

● 刀鱼面的诞生

● 刀鱼面

江刀的。"老板说罢叹了一口气。

"叔叔，长江禁捕是为了保护刀鱼，而且我上次看新闻，说是很多地方又重新见到了刀鱼产卵。再过很多年，也许刀鱼又能像以前那么多了。"小渔对老板说道。

"是的，这个我也听一些以前的老渔民说过，2019年，国家停止发放对长江刀鱼的专项捕捞许可证，也就不能捕捞长江里的刀鱼了。你这个小姑娘懂的还挺多嘛。"老板对这个聪明的小姑娘很是欣赏。

一家人吃完面，跟老板道了别，准备启程去下一个地方。

"我们明天再来吃这家吧，来一趟不吃个够感觉都白来了。"江茂征求着老婆的同意。

于晓点点头："这刀鱼面确实是人间绝味。"

养殖难题

"爸爸，你上次不是说刀鱼已经人工繁殖成功了嘛，为什么现在还吃不到？"小渔吃了面之后对刀鱼的滋味念念不忘。

"贵呀，虽然人工繁殖成功了，但是成本很高，所以养出来的刀鱼价格也特别高，动辄上千元一斤，大一些的甚至要卖到七八千元一斤，普通老百姓哪里吃得起。"江茂感叹着。

"哦，那为什么成本这么高呢？"小渔有着打破砂锅问到底的执着。

"这我还真研究过，我想早日吃到平价刀鱼嘛。刀鱼性格很刚烈，出水即死，我之前也跟你说过，因为刀鱼的应激反应很大，前期养殖的刀鱼很多都死于应激反应，哪怕是打个雷，长途运输都可能导致刀鱼死亡。这是人工养殖的第一个难题。"

"第二个难题就是繁殖，刀鱼是有生殖洄游的习性的，它的性成熟要靠水流等的刺激，而人工养殖的条件没办法让它洄游，只能靠人工模拟长江水流环境，还有用药物催产等办法刺激亲鱼产卵。第三个难题就是卵的孵化、鱼苗的培育。自然环境下，刀鱼从受精卵孵出到鱼苗长成往往经淡水—海水—淡水的过渡。考考你，你能展开说说怎么过渡的吗？"江茂不忘考验一下小渔。

● 刀鱼人工养殖场

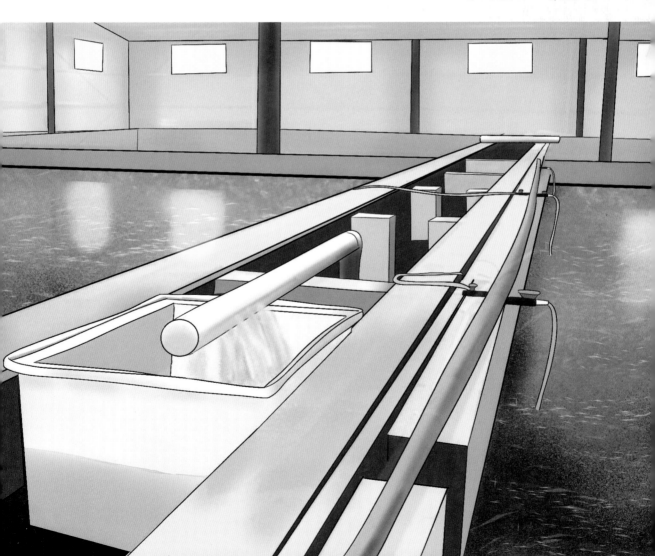

"刀鱼在淡水里产卵，卵在淡水里孵化，然后小鱼苗在淡水里待上三四个月后就回到大海里，然后长大到快要产卵了就又回到淡水里。"

　　"没错，你记得很清楚嘛。而且呀，刀鱼从孵出来到长成成鱼这个过程中食性也是不断变化的。刚孵的小鱼苗靠自身的卵黄和油球供给营养，然后开始吃一些小型浮游动物和单细胞藻类；长到 1.2 ~ 1.5 厘米时，就开始吃大型轮虫、枝角类和桡足类等浮游动物；等长到 3 厘米左右时，主要吃枝角类、桡足类、虾苗和小型昆虫等水生动物。所以，你看，养殖刀鱼是非常不容易的，要想吃到平价的养殖刀鱼，还需要靠科研人员不断地研究和试验。不过我相信，要不了多久我就能吃上鲜活的平价刀鱼啦，嘿嘿。"江茂憧憬着。